WangYun

Settlements

聚落

王昀

目录

前言：聚落和人类的历史一样久远，贯穿居住文化的始终，在聚落中有人类对生活构想的最初形态，有最真实的情感，是人类和自然最和谐的联系方式。游走在聚落中，能够发现人对建筑的直观感受、人与建筑的对话、人与大自然的对话以及人对建筑的理解。聚落的经验实际上更是一种空间的体验。对于一个建筑师来说，空间体验是重要的，空间体验是建筑师的一个非常重要的思想来源。聚落中你会发现人在自然居住状态下的生存法则，发现那些根据人身体的韵律、节奏、感觉和内心情感决定的空间与尺度之间的关系。发现那些居民们完全根据自己的尺度来进行建造，发现那些依据场地环境所进行的解决问题的智慧。从这个意义上说：聚落是建筑师的"牛奶"。

这本《聚落》正是基于这样的思考而汇聚成的，这里所采用的呈现聚落的方式，是以图像本身进行直接呈现。因为我们走到聚落中，眼前呈现的是活生生的视觉场景，在此，尽管呈现在这里的图片，仅仅是作为一位建筑师的我个人的观察视角，以及以这种视角在聚落中所捕捉到的一鳞半爪，希望读者能够通过这一点管窥到聚落自身的魅力与丰富之一斑。

王　昀

2015 年 2 月　新春

聚落是由人类聚合而形成的最基本的生活环境，聚落的内部呈现着人类最基

建造过程。其中抒发着人类的本能愿望，采用着本能的建造方式并解决着与

聚落从来没有在正统的建筑史上出现过，因为聚落本身不辉煌，也没有"尊

味的"风格"。有些聚落的"风格"存在并延续千年，而至今却依然适应着

聚落不是"视觉性"的，聚落是"身体性"的。聚落是在"得体"与"合适

在"风格"上的不同，聚落存在的只有在世界范围内人类解决生存问题时所

生活状态，聚落的建造和完成过程展示着人类生存的本能和源于这种本能的

相关的基本问题。

的主人。聚落从来不存在随时代而变迁的所谓的为适合和表现"统治者"趣

生活。

判断基础上而获取的平衡体。聚落不存在"东方"与"西方"的文化差别和

出的智慧，而这种解决问题的方式对我们今天仍然富有启发和教意。

海拔 5000 米高处的自然风景往往能够唤起某种神圣与崇高

情怀。最初的聚落的建造或许正是面对这样宏大风景开始的。

聚落与聚落的风景

2

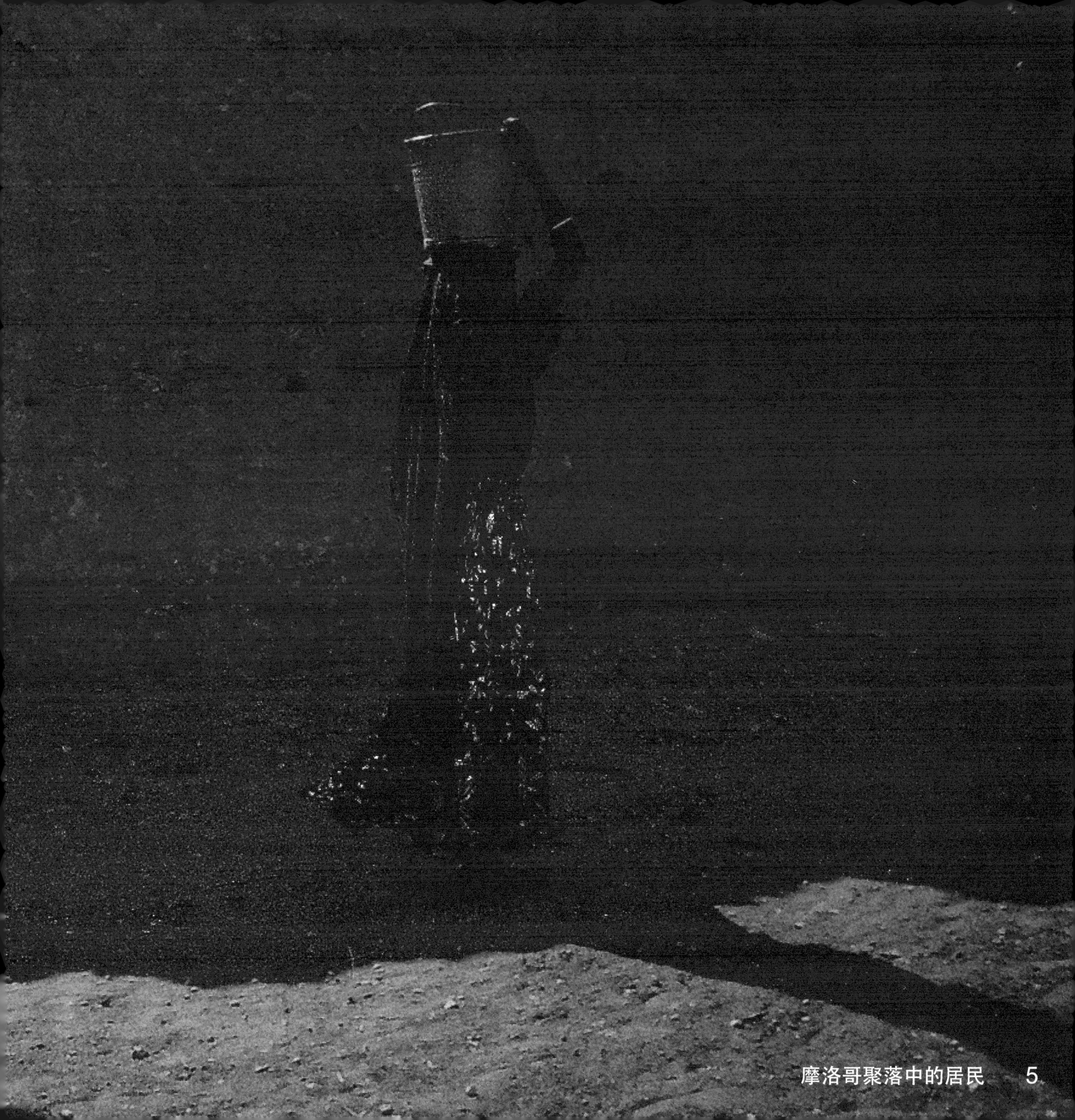

摩洛哥聚落中的居民

摩洛哥帕塔库拉拉聚落

8

中国福建初溪村聚落　013

14

中国福建初溪村聚落　15

中国山西菜地沟村聚落 17

18

28

中国四川松岗村聚落

中国四川松岗村聚落　31

西班牙库埃巴斯聚落

50

中国云南啃地石聚落

中国云南回库村聚落　53

中国云南贡山秋那桶村聚落　55

中国云南贡山雾里村聚落　57

74

摩洛哥塔真多托聚落　87

中国西藏桑珠林乡二村聚落的俯瞰风景　97

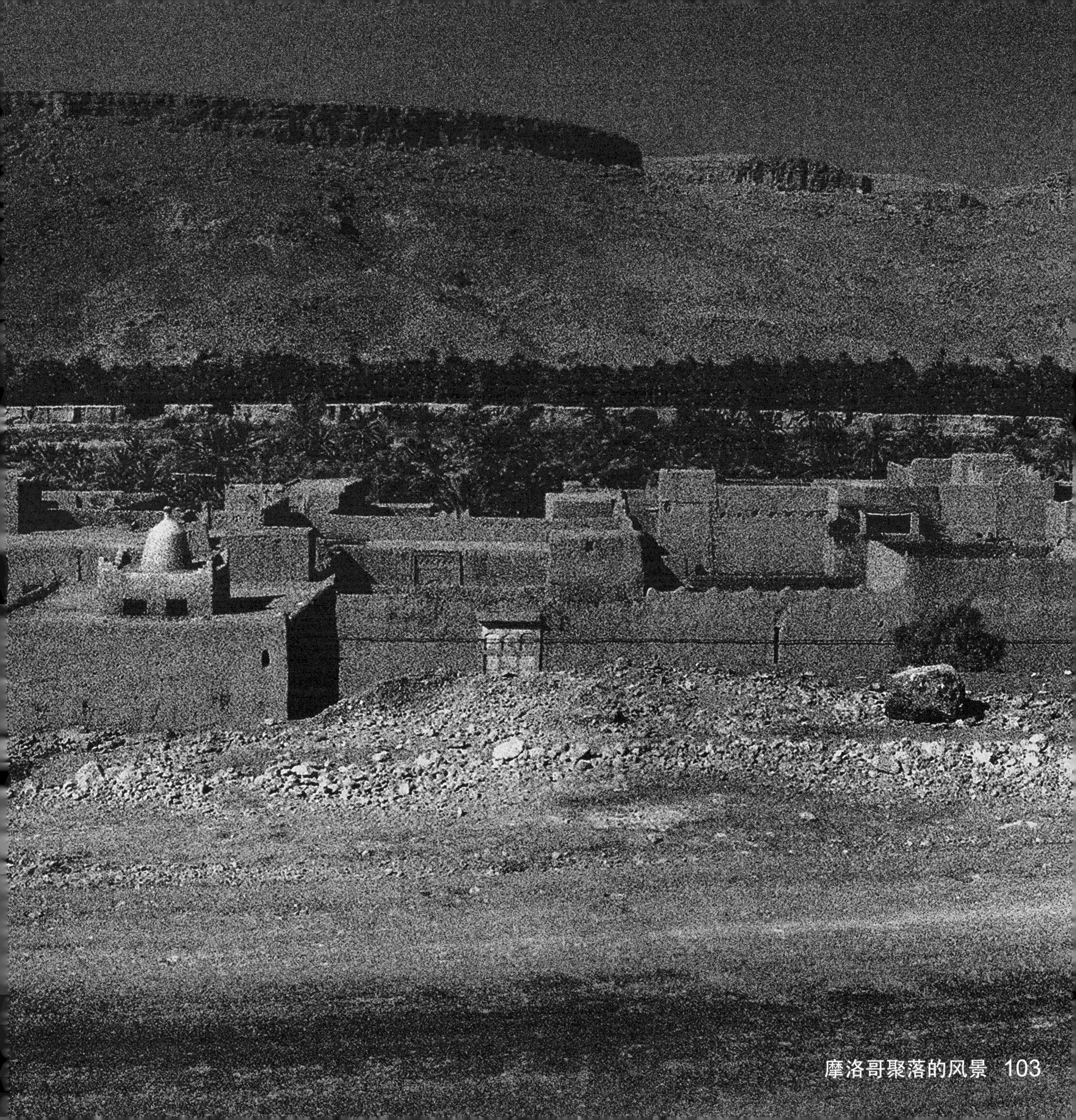

西班牙卡萨莱斯聚落　117

124

希腊里尔聚落

中国山西二岭村聚落　135

中国云南翁丁村聚落 151

中国云南翁丁村聚落　153

158

中国甘肃高走村聚落　163

170

意大利阿鲁贝鲁贝鲁聚落

中国山西菜地沟村聚落 175

摩洛哥聚落中住居的立面　185

中国青海日月山村聚落室内 191

希腊里尔聚落

从缝隙中看到的摩洛哥聚落中的塔　209

210

中国四川松岗聚落

中国四川松岗聚落　215

意大利圣几米尼阿诺聚落 219

意大利圣几米尼阿诺聚落

意大利圣几米尼阿诺聚落

西班牙库埃巴斯聚落

西班牙库埃巴斯聚落

中国青海藏族帐篷住居内部　239

中国云南翁丁村聚落

中国云南翁丁村聚落

中国云南翁丁村聚落

中国云南翁丁村聚落

希腊米克诺斯暴街道

摩洛哥卡波聚落内部街道

252

中国北京延庆古崖居聚落

254

中国云南作夫村住居入口

中国甘肃高走村住居入口天井

中国云南作夫村住居入口天井　257

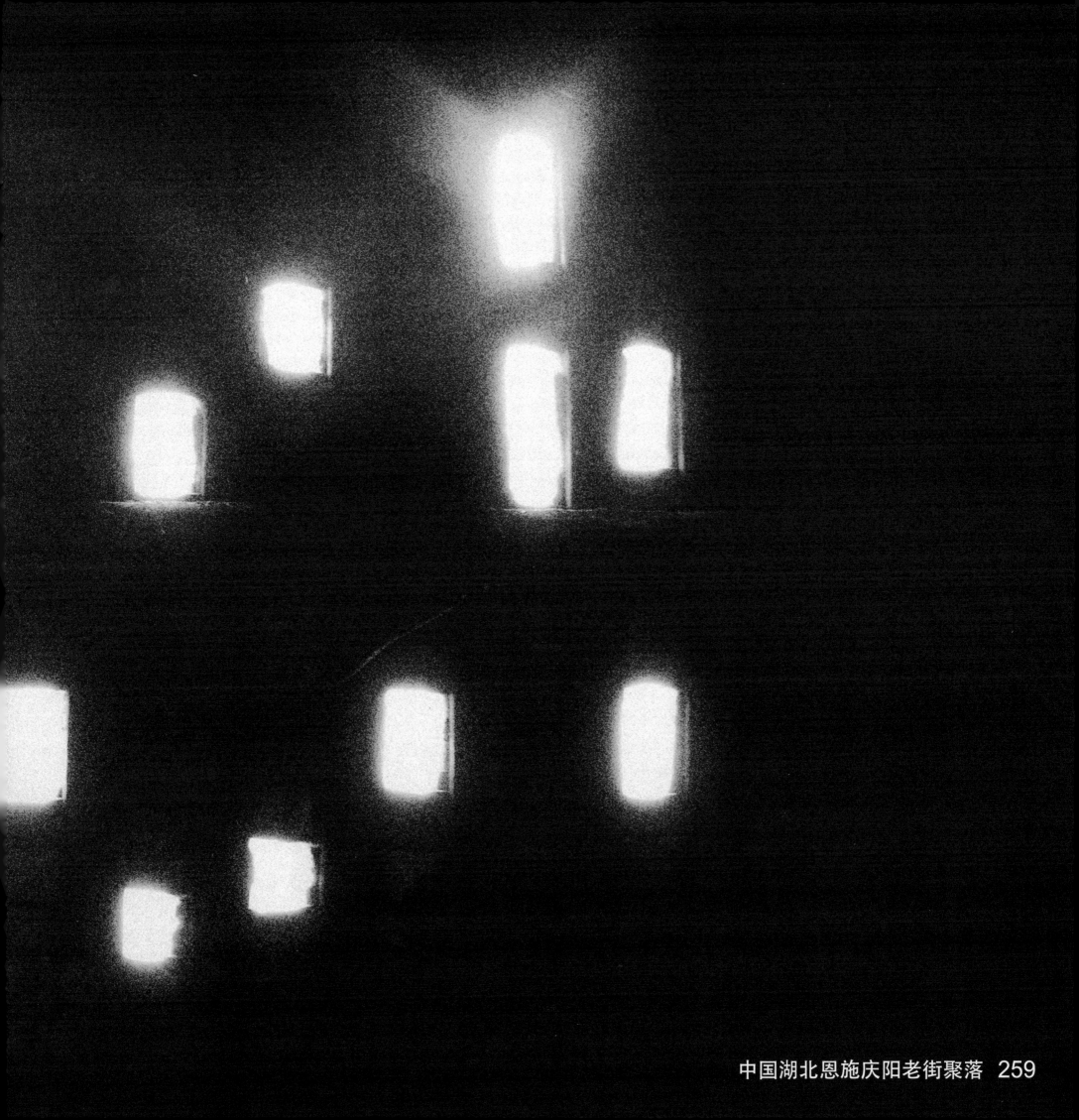

摩洛哥住居的窗

中国北京延庆古崖居聚落

摩洛哥帕塔库拉拉聚落

摩洛哥帕塔库拉拉聚落　269

中国的云南通海聚落

摩洛哥聚落街道

西班牙蒙提弗里奥聚落

西班牙蒙提弗里奥聚落

摩洛哥住居墙上的雨水槽　281

希腊米科诺斯聚落

希腊米科诺斯聚落　287

中国四川桃坪村聚落

中国四川桃坪村聚落

意大利威尼斯聚落

PARROCCHIA
S.CASSAN

SESTIER
DE S.CROSE

294

葡萄牙里斯本阿尔法玛聚落

希腊里尔聚落

西班牙蒙提弗里奥聚落

中国西藏桑珠林乡二村聚落 303

葡萄牙埃维阿聚落

中国浙江诸葛村聚落

中国云南翁丁村聚落

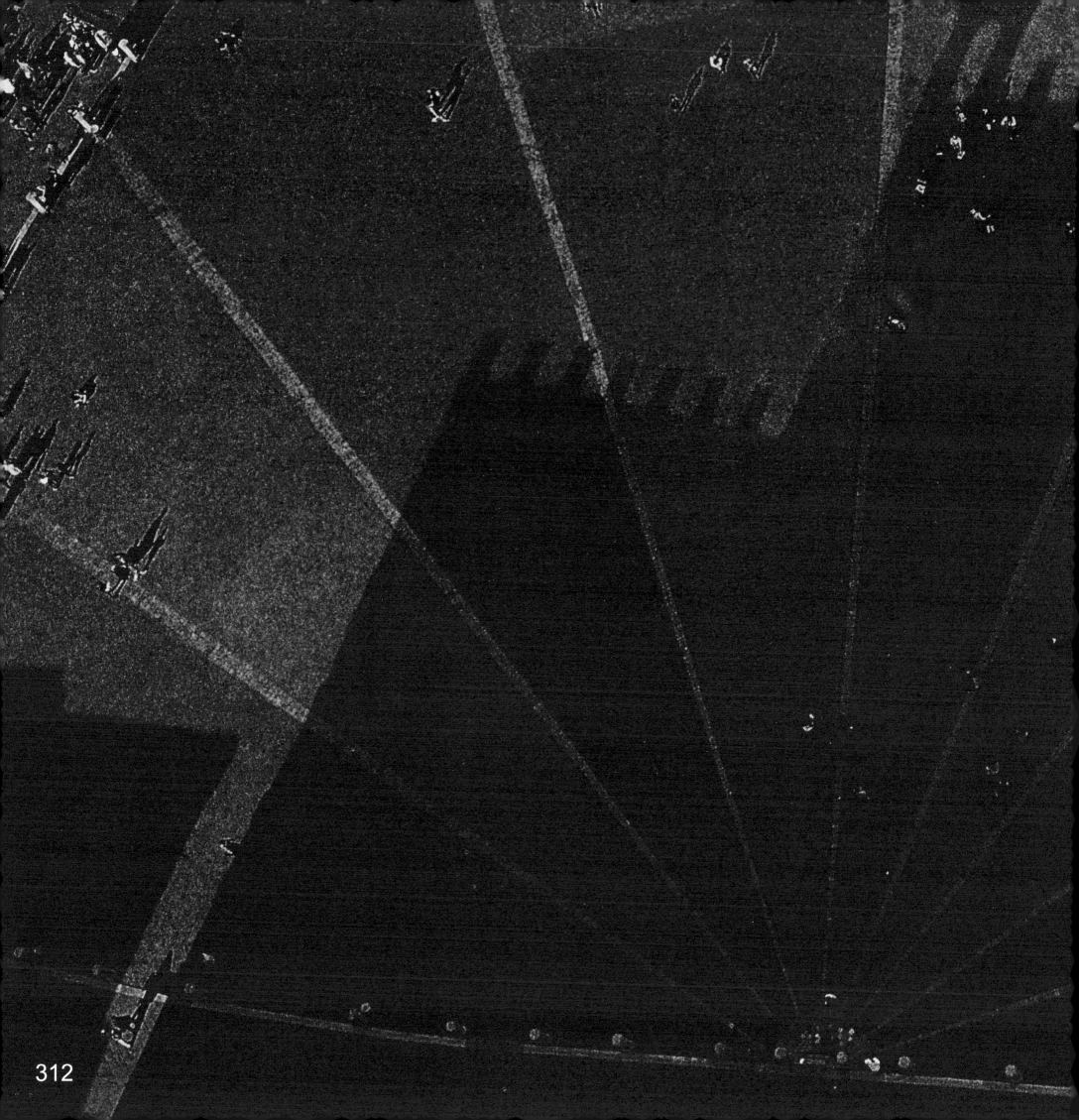

312

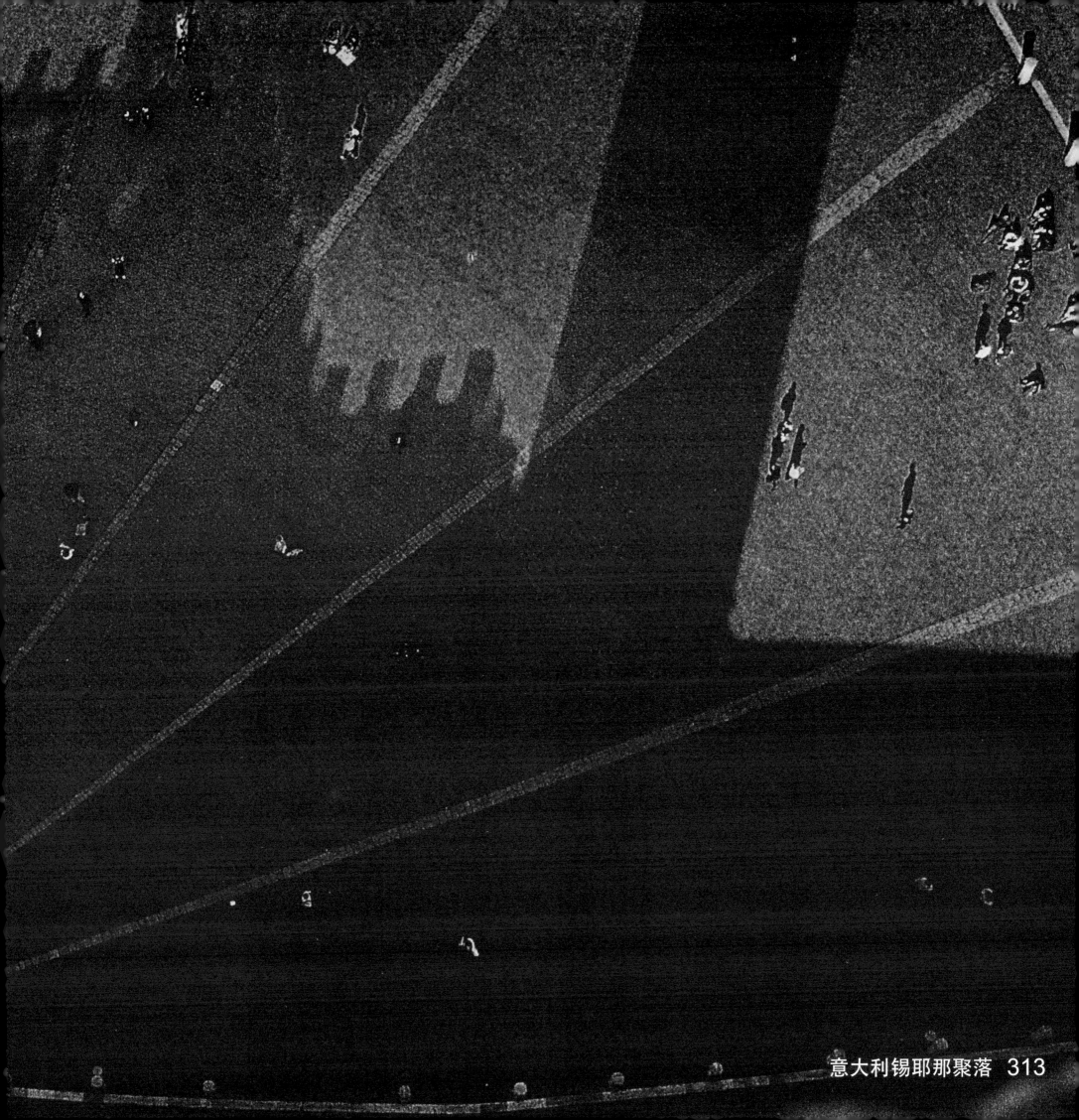

意大利锡耶那聚落

意大利锡耶那聚落

意大利锡耶那聚落

318

中国四川桃坪村聚落　321

摩洛哥伊姆兹库聚落

324

中国浙江乌镇聚落

中国云南团结乡聚落

340

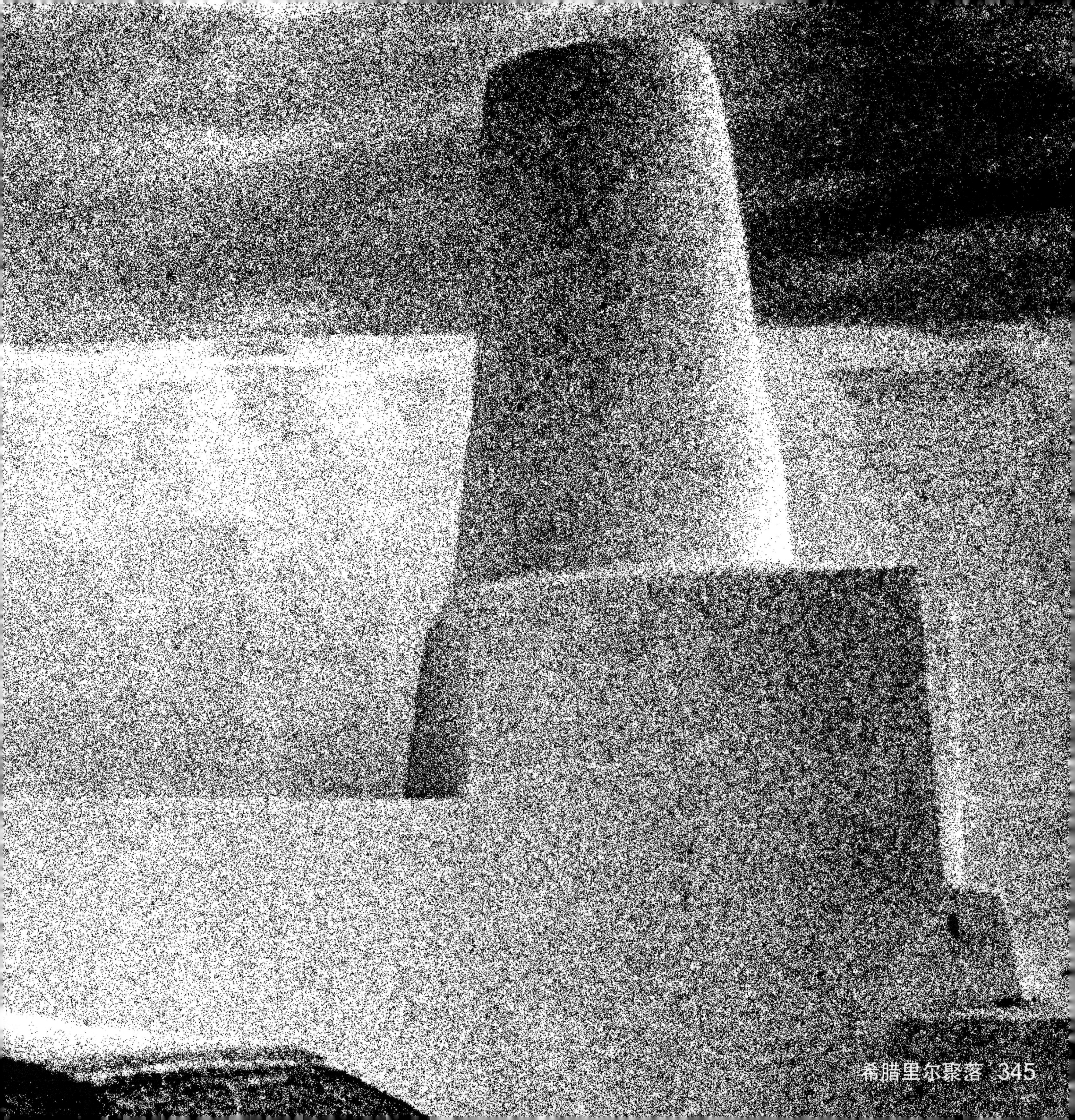

346

希腊里尔聚落

希腊里尔聚落

希腊里尔聚落

354

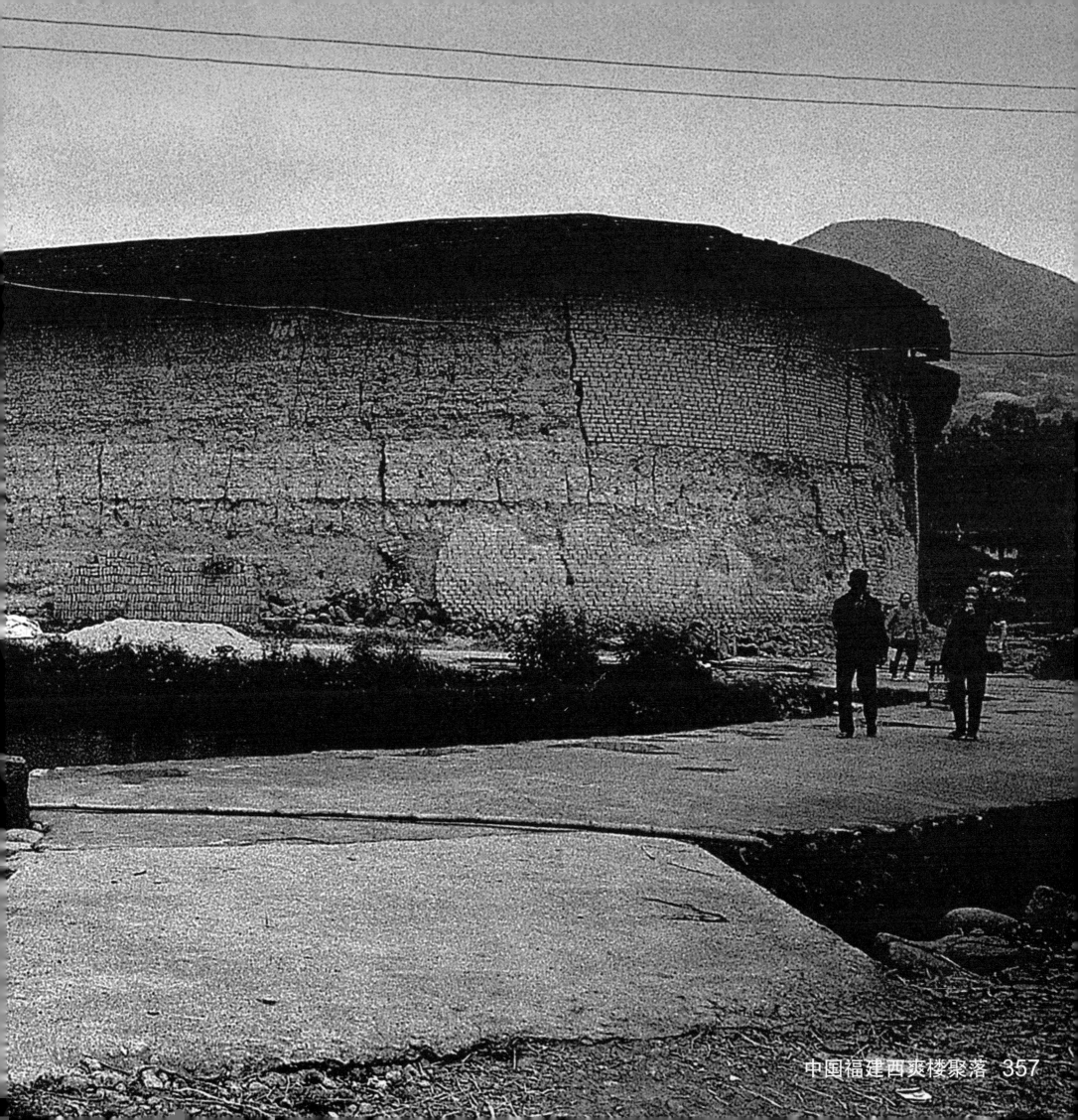

中国云南同乐村　359

中国云南同乐村 361

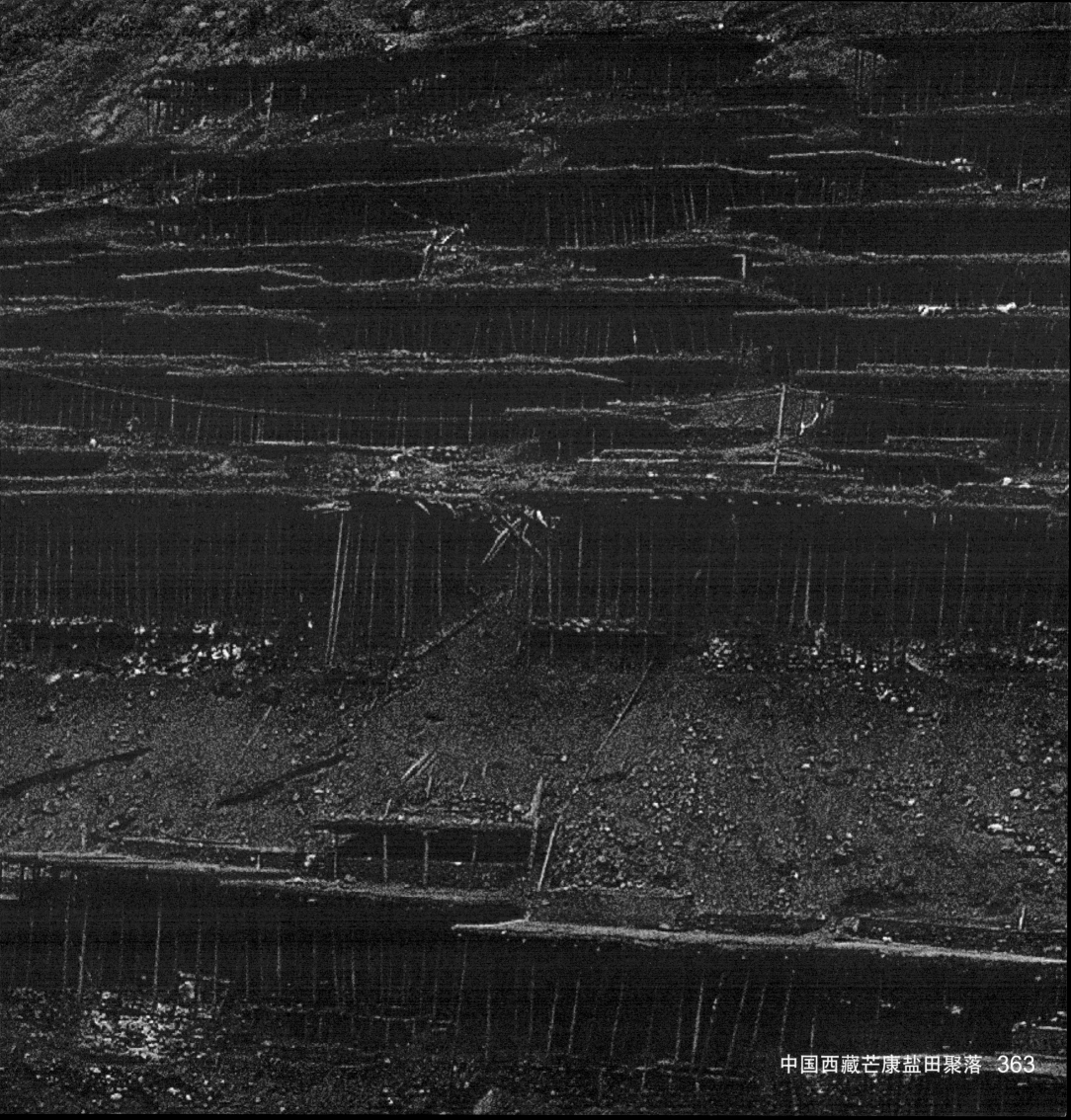

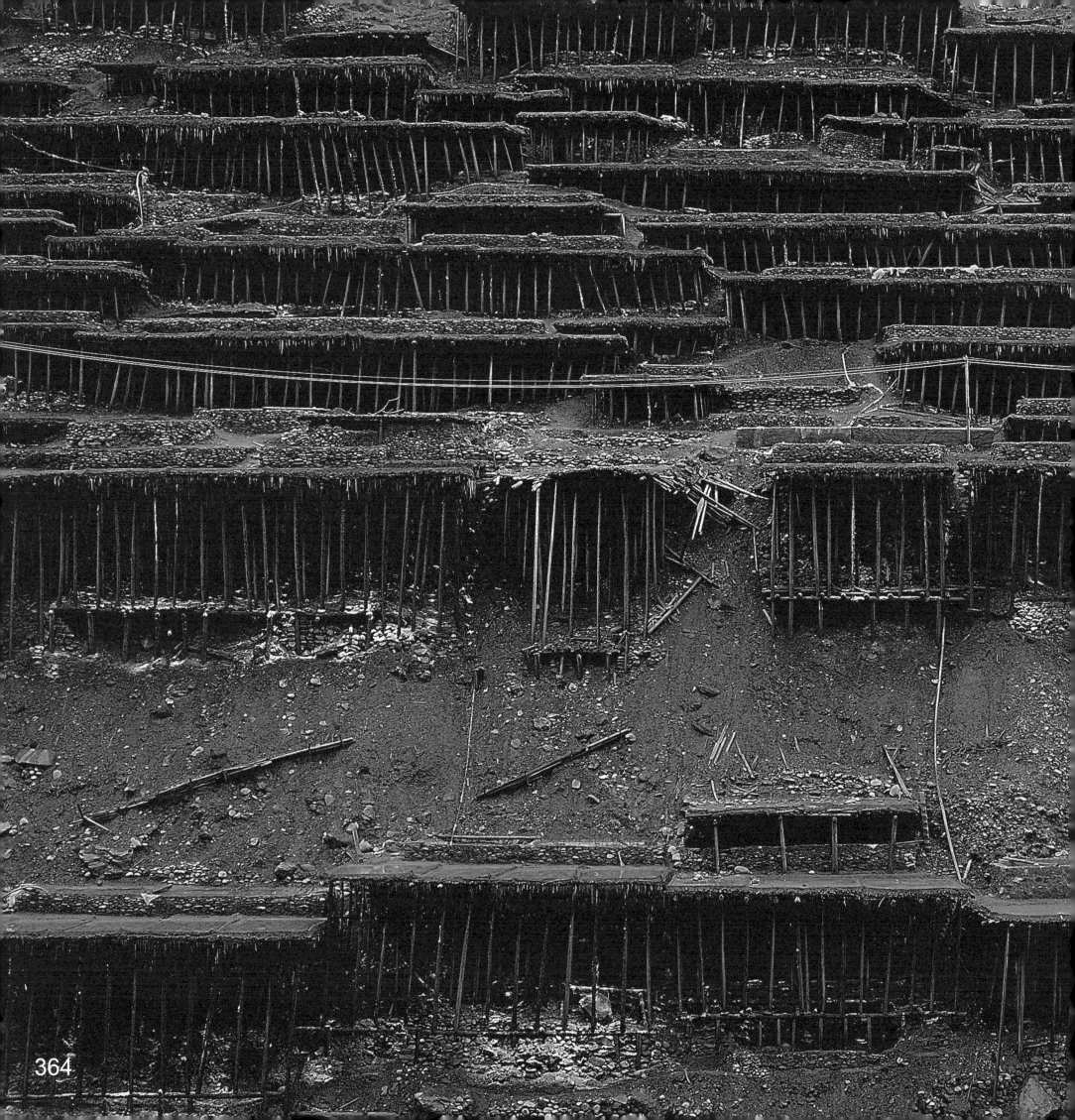

中国西藏芒康盐田聚落　365

374

后记：第一次接触并真正地有意识去看聚落，应该是在 1985 年 3 月，当时正准备出发去参加大学毕业设计的认识实习。不过那时对于实习地点的选择倾向，大多还主要是以到广州、珠海等沿海发达地区去看新建筑为主。还记得当时准备带我们这几位参加毕业实习去的周人忠先生说："沿海的新建筑什么时候都可以看，那些老的村落，不看可能很快就没了……，我们还是去云南吧……，丽江据说很好，但很难去……"于是我们便带着期待，踏上从北京前往云南丽江的认识实习之路。那时从北京到昆明乘火车要 3 天 3 夜，而从昆明到丽江，当时乘公共汽车要走两天的路。而这一路所看到的聚落，以及最终在丽江和大理所看到的一切，或许成为关于我个人的，对于聚落本身兴趣的启蒙之行。这本《聚落》中所呈现的图片，是自 1985 年第一次聚落之旅之后至今近 30 年间探访聚落的部分记录，这些记忆中的片段，经常会在我进行新的设计时，成为经常性的眼前呈现。

作者介绍　王 昀 博士

主要建筑作品：
善美办公楼门厅增建，60m² 极小城市，石景山财政局培训中心，庐师山庄，百子湾中学，百子湾幼儿园，杭州西溪湿地艺术村 H 地块会所等

参加展览：
2004 年　 " '状态' 中国青年建筑师 8 人展"
2004 年　 首届中国国际建筑艺术双年展
2006 年　 第二届中国国际建筑艺术双年展
2009 年　 比利时布鲁塞尔 " '心造' ——中国当代建筑前沿展"
2010 年　 威尼斯建筑艺术双年展
　　　　　 德国卡尔斯鲁厄 Chinese Regional Architectural Creation 建筑展
2011 年　 捷克布拉格中国当代建筑展，意大利罗马 "向东方——中国建筑景观" 展，中国深圳·香港城市建筑双城双年展
2012 年　 第十三届威尼斯国际建筑艺术双年展中国馆
2013 年　 匈牙利中国建筑展
2013 年　 西班牙中国年 "中国宫" 建筑展
2014 年　 法国里昂举办的 " '造' ——建筑中国 2014" 展等

图书在版编目（CIP）数据

聚落/王昀著. —北京：中国建筑工业出版社，2015.11

ISBN 978-7-112-18508-5

I.①聚… II.①王… III.①聚落环境-研究 IV.①X21

中国版本图书馆CIP数据核字（2015）第227954号

感谢北京建筑大学建筑设计艺术研究中心建设项目的支持

责任编辑：曹 扬
图片摄影：王 昀
版式设计：赵冠男
责任校对：姜小莲

聚落

王 昀

*

中国建筑工业出版社 出版、发行（北京西郊百万庄）
各地新华书店、建筑书店经销
北京顺诚彩色印刷有限公司印刷
*
开本：965×1270 毫米 1/12 印张：33⅓ 字数：300千字
2015年9月第一版 2015年9月第一次印刷
定价：102.00元
ISBN 978-7-112-18508-5
　　　　（27748）